AF503734

Contraste insuffisant

NF Z 43-120-14

PUBLICATIONS DE M. CH. THIRION
Ingénieur civil,
95, boulevard Beaumarchais, à Paris.

NOUVEAU SYSTÈME

DE

CHEMIN DE FER AÉRIEN

MONORAIL

BREVETÉ PAR M. JOE V. MEIGS

de Lowell (Massachusetts)

ÉTATS-UNIS D'AMÉRIQUE

PARIS
IMPRIMERIE ET LIBRAIRIE CENTRALES DES CHEMINS DE FER
IMPRIMERIE CHAIX

SOCIÉTÉ ANONYME AU CAPITAL DE SIX MILLIONS
Rue Bergère, 20

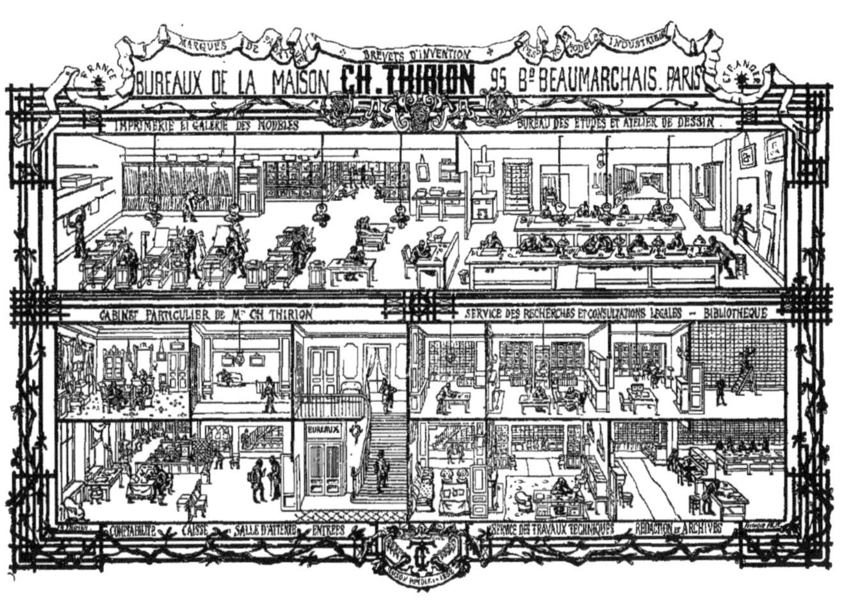
MARQUES DE
BREVETS D'INVENTION
MODÈLES INDUSTRIELS
FRANCE
BUREAUX DE LA MAISON CH. THIRION 95 Bd BEAUMARCHAIS. PARIS
ÉTRANGER
IMPRIMERIE ET GALERIE DES MODÈLES
BUREAU DES ÉTUDES ET ATELIER DE DESSIN.
CABINET PARTICULIER DE Mr CH THIRION
SERVICE DES RECHERCHES ET CONSULTATIONS LÉGALES — BIBLIOTHÈQUE
BUREAUX
COMPTABILITÉ
CAISSE
SALLE D'ATTENTE
ENTRÉES
SERVICE DES TRAVAUX TECHNIQUES
RÉDACTION ET ARCHIVES

PUBLICATIONS DE M. **CH. THIRION**
Ingénieur civil,
95, boulevard Beaumarchais, à Paris.

NOUVEAU SYSTÈME

DE

CHEMIN DE FER AÉRIEN

MONORAIL

BREVETÉ PAR M. JOE V. MEIGS

de Lowell (Massachusetts)

ÉTATS-UNIS D'AMÉRIQUE

PARIS
IMPRIMERIE ET LIBRAIRIE CENTRALES DES CHEMINS DE FER
IMPRIMERIE CHAIX
SOCIÉTÉ ANONYME AU CAPITAL DE SIX MILLIONS
Rue Bergère, 20

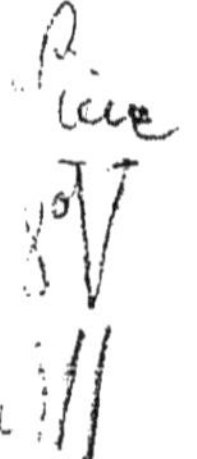

DÉPÔT LÉGAL
Seine
N° 1694
1888

Vue d'ensemble du Chemin de fer aérien de M. Joe V. Meigs.

NOUVEAU SYSTÈME

DE

CHEMIN DE FER AÉRIEN MONORAIL

Breveté par M. Joe V. MEIGS,

de Lowell (Massachussetts), États-Unis d'Amérique.

L'exécution d'un *chemin de fer Métropolitain* pour la Ville de Paris est une question d'une trop haute importance pour ne pas espérer qu'elle reçoive une solution dans le plus bref délai possible.

Cependant, malgré l'urgence, la réalisation d'un projet quelconque se trouve reculée, et peut-être pour longtemps, parce que le principe même est en discussion et qu'on ne peut s'entendre pour savoir si le Métropolitain doit être souterrain ou s'il doit être aérien.

L'agitation créée dans les journaux autour de projets aériens, et dans Paris même par les pétitions répandues en grand nombre, laissent croire que les Parisiens n'ont pas absolument le goût des tunnels et qu'ils préfèrent se faire transporter rapidement et en pleine lumière, fût-ce à quelques mètres au-dessus du sol.

Nous croyons donc intéressant, au point où en est la question, de donner une description complète d'un nouveau chemin de fer aérien monorail, breveté en France par M. Joe. V. Meigs, et dont nous donnons, à la première page, une vue d'ensemble.

Pour se rendre un compte plus exact du fonctionnement de son nouveau système de railway, M. Meigs a établi en Amérique, dans ses ateliers, une ligne aérienne d'un développement de près d'un demi-kilomètre sur laquelle circulait un train composé d'une locomotive et de deux wagons d'un style spécial, et les essais qu'il a faits paraissent avoir pleinement répondu à son attente.

Nous allons indiquer le principe sur lequel repose le nouveau railway aérien, ainsi que plusieurs détails intéressants de sa construction.

Caractères généraux du nouveau système. — Le chemin de fer de M. Meigs est spécialement un chemin de fer aérien et on peut lui donner la dénomination de *monorail*, bien que, ainsi que nous le verrons plus loin, la voie comporte en réalité deux couples de rails superposés; mais les rails de chacun des couples sont tellement rapprochés l'un de l'autre que la voie présente exactement la forme d'une poutre à treillis à double T.

Grâce aux dispositions adoptées par l'inventeur pour les trucks supportant la machine et les wagons, la voie peut présenter, d'une part, des courbes de *quinze mètres de rayon* et, d'autre part, des rampes de 0,06 centimètres par mètre.

Nous devons dire que ce qui ajoute encore au caractère spécial du railway de M. Meigs, c'est que les courbes peuvent ne pas être constituées par un arc de cercle, mais au contraire par une série de lignes droites faisant entre elles des angles plus ou moins obtus et inscrites dans cet arc de cercle. Le montage particulier des roues des véhicules leur permet de franchir ces différents angles sans le moindre choc.

Chaque truck comporte quatre roues; deux d'entre elles, verticales ou obliques, reposent sur les deux rails fixés sur la semelle inférieure de la poutre, les deux autres, absolument horizontales, roulent sur les rails de la semelle supérieure. Les trucks qui supportent les wagons sont donc en quelque sorte à cheval sur la poutre, et cette disposition, jointe à des moyens particuliers de serrage, supprime, pour le train, toute possibilité de déraillement.

Nous allons passer successivement en revue les divers éléments constitutifs de ce nouveau type de chemin de fer aérien monorail, en commençant par la voie qui comporte: les fondations, les colonnes, la poutre, les rails et l'aiguillage.

Fondations, colonnes. — Les colonnes destinées à supporter la poutre, sur laquelle doivent rouler les véhicules, présentent une forme rectangulaire et se composent de deux fers en U (fig. 1 et 2), *ff*, et deux fers plats, *ee*, rivés ensemble.

Cette colonne ou poteau est montée sur un plateau *c*, qui peut, comme variante, présenter en son milieu une

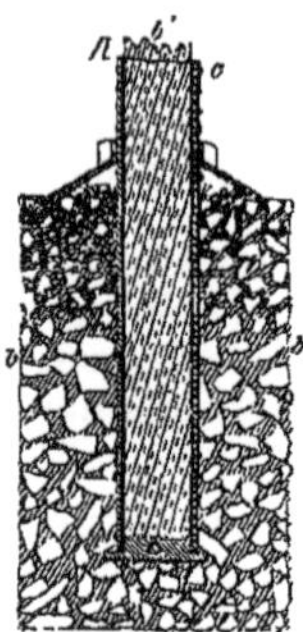

Fig. 1.

saillie entrant dans l'intérieur du poteau. Les extrémités inférieures de ces poteaux sont fixées dans un massif de béton et elles sont munies, au niveau du sol, d'embases en fer forgé ou en fonte, destinées à protéger les colonnes contre les chocs des voitures circulant dans les rues où se trouve élevé le chemin de fer.

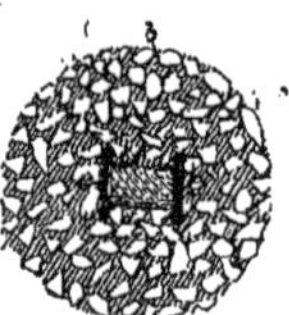

Fig. 2.

Dans les terrains peu consistants, on doit garnir l'intérieur des puits destinés à renfermer les piles, d'une chemise en tôle avant de les remplir de béton.

Suivant M. Meigs, les colonnes peuvent être espacées de 15 mètres et, pour cette portée, elles peuvent être constituées en fer d'une épaisseur de 15 millimètres et présenter une section de 25 centimètres sur 28.

Poutre. — La poutre se compose de deux semelles B et C (fig. 3 et 4) en forme d'U, reliées l'une à l'autre par un treillis composé de barres D également en U ou en T.

La semelle inférieure est constituée par deux fers plats, *k*, *k*, entre lesquels sont rivés deux fers en U, *ll;* dans ces derniers sont fixés des longrines en bois *m* destinées à supporter les rails inférieurs de la voie.

Les barres de treillis sont reliées à la semelle inférieure au moyen des cornières *o* rivées sur l'un des bras du fer en U.

Cet assemblage peut être obtenu différemment par l'intermédiaire de plaques d'attache rectangulaires ou trapé-

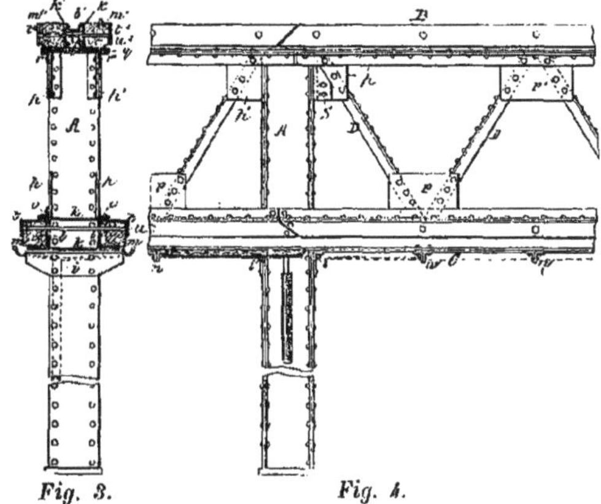

Fig. 3. *Fig. 4.*

zoïdales *p*; ces pièces d'attache sont alors rivées, d'une part sur les barres de treillis et, d'autre part, sur les cornières dont nous venons de parler.

Les barres de treillis sont fixées à la semelle supérieure au moyen de plaques d'attache analogues *p'*, et cette semelle présente la même forme et les mêmes dispositions d'assemblages que la semelle inférieure. Elle porte à sa surface deux cornières *k'* maintenues à l'écartement voulu par deux fers en U, *b' b'*.

C'est dans ces cornières que se trouvent placées les longrines en bois destinées à porter les rails supérieurs sur lesquels doivent rouler les roues horizontales des trucks. Ajoutons que si, dans certains cas, la construction doit être plus légère, on peut fixer directement les rails sur la semelle supérieure. Ainsi qu'on le voit sur les différentes figures, les rails supérieurs sont constitués simplement par un fer plat et les rails inférieurs par des cornières; ces rails sont reliés entre eux par des boulons à tête fraisée qui traversent les longrines.

Pour permettre la dilatation sans déformation de la poutre, des joints extensibles sont disposés de place en place et toujours à l'aplomb d'une colonne. Ces joints sont formés de la façon suivante : deux fortes cornières S (fig. 5) sont rivées solidement contre un des poteaux; ces cornières portent des rainures d'une longueur égale à l'allongement maximum de la poutre. Entre les deux cornières vient se loger l'extrémité supérieure d'une barre de treillis munie de la plaque d'attache *p'*; des boulons passant dans les rainures se fixent dans cette plaque et assurent sa position dans les différents mouvements occasionnés par la dilatation de la poutre.

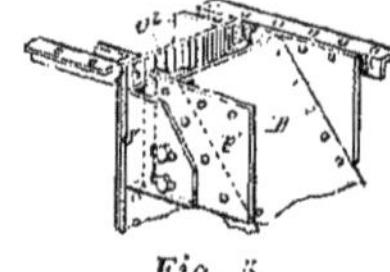

Fig. 5.

Le poteau traverse la poutre en cet endroit et se termine par un plateau sur lequel repose l'extrémité libre de la semelle supérieure.

Rails. — Les rails supérieurs t^2, sur lesquels doivent rouler les roues horizontales de la machine et des wagons, sont verticaux et dépassent quelque peu le bord de la semelle supérieure de façon à donner un libre passage aux boudins de ces roues. On peut également, dans le même but, pratiquer dans les longrines, ainsi que le montre la figure 3, un petit évidement ayant les dimensions de ces boudins.

Enfin, pour répondre aux différentes conditions de la pratique, la distance entre les surfaces extérieures des rails inférieurs doit être égale environ au double de la largeur des poteaux, tandis que, pour les rails supérieurs, cette distance est égale à la largeur des poteaux, quand la voie est destinée à supporter des trains d'un poids ordinaire.

La hauteur de la poutre, d'après les expériences de M. Meigs, n'est que de 1m,20 environ.

Aiguillage. — Le système d'aiguillage adopté par M. Meigs est représenté schématiquement par la figure 6. Une portion de poutre, articulée en H sur la voie principale, peut se déplacer en roulant sur son extrémité opposée et se mettre en regard de l'une ou l'autre des voies secondaires F¹ F².

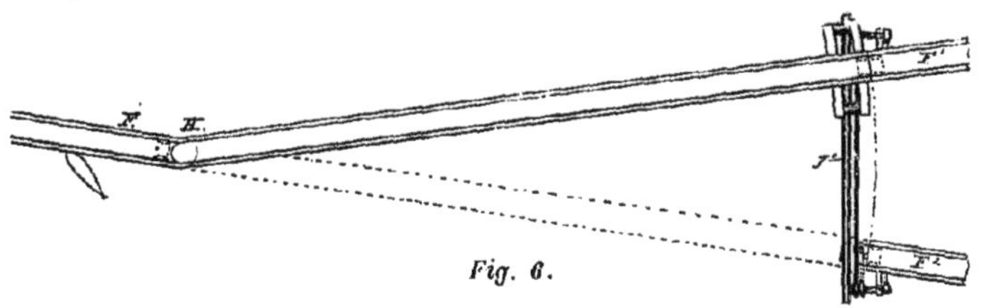

Fig. 6.

A cet effet, la charnière (fig. 7) est constituée par un cadre en deux parties, formé de fers plats superposés, dont les extrémités, à l'endroit de l'axe de rotation, sont alternativement plus longues et plus courtes. Les deux parties du cadre, qui a toute la hauteur de la poutre, rentrent ainsi l'une dans l'autre et elles sont traversées par un très fort boulon h^4; ces deux parties sont bou-

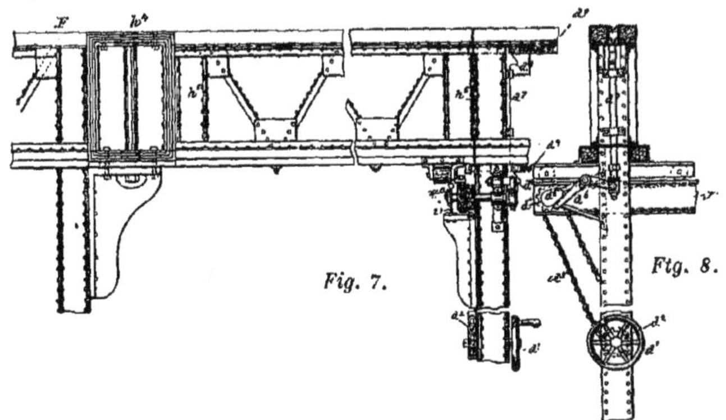

Fig. 7. Fig. 8.

lonnées l'une à un poteau et l'autre à la portion de poutre mobile. Une console soutient la poutre au point d'articulation; cette poutre est, en plus, renforcée à ses extrémités par deux montants verticaux h^5 h^5.

A l'extrémité opposée à la charnière et sous la poutre, se trouve fixé un cadre en forme d'arc de cercle (fig. 7 et 8), dans lequel sont montés plusieurs rouleaux qui peuvent se déplacer en tournant sur un rail v fixé verticalement sur une console. La poutre est maintenue en position par un verrou d^7 que l'on déclenche à volonté au moyen d'une roue à volant placée en un point quelconque d'une colonne.

Cette roue à volant commande, au moyen de pignons dentés, une chaîne de galle horizontale d^{10} qui porte au milieu de son brin supérieur un axe fixé, d'autre part, sur le cadre en arc de cercle dans lequel sont montés les rouleaux. En faisant tourner la roue dans un sens ou dans l'autre, on fait déplacer la poutre suivant les besoins de l'aiguillage.

Le Truck. — Ainsi que nous l'avons dit, chacun des trucks sur lesquels sont montés la machine et les wagons comporte quatre roues, deux verticales ou obliques, les deux autres horizontales.

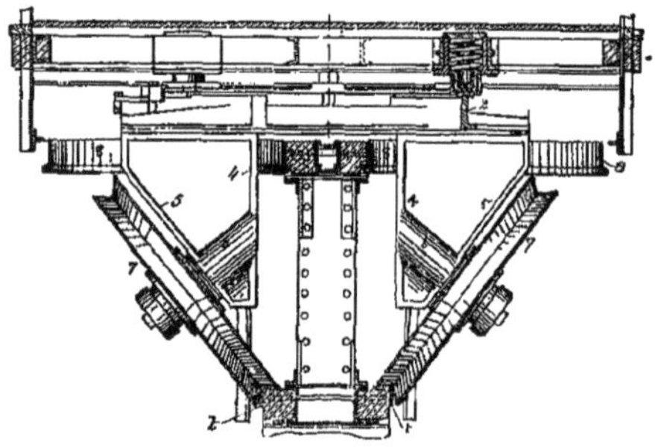

Fig. 9.

Les premières sont les roues porteuses et les secondes sont à la fois des roues de traction et des roues de frein ; elles servent encore par leur poids à équilibrer le wagon et à le maintenir constamment dans une position verticale.

Ces roues portent un rebord inférieur qui s'engage sous le rail ; elles pourraient, au besoin, en porter deux, de façon à présenter la forme de roues à gorge dans lesquelles se trouveraient encastrés les rails.

Les axes de ces roues sont verticaux, ainsi qu'on le voit figures 9, 10 et 11 ; ils sont fixés dans des blocs coulissants qui peuvent se rapprocher de l'axe de la voie sous l'action de leviers appropriés mus par un appareil hydraulique ou à l'aide de ressorts.

L'inventeur emploie de préférence, pour les roues porteuses, des roues obliques à gorge qui embrassent les rails inférieurs. La figure montre en détail la façon dont ces roues sont fixées sur le truck.

Ce truck est formé essentiellement d'un cadre (fig. 9) sur lequel se trouvent fixées deux glissières en arc de cercle. Dans ces glissières est encastrée une sorte de roue incomplète portant quatre bras (3) et tournant autour d'un axe passant par son centre et fixé sur le cadre. C'est sur cette roue que se trouve adapté le wagon.

Chaque wagon étant muni à ses extrémités d'un truck semblable, et les deux trucks étant indépendants l'un de l'autre, on conçoit qu'il puisse passer dans les courbes d'un très faible rayon.

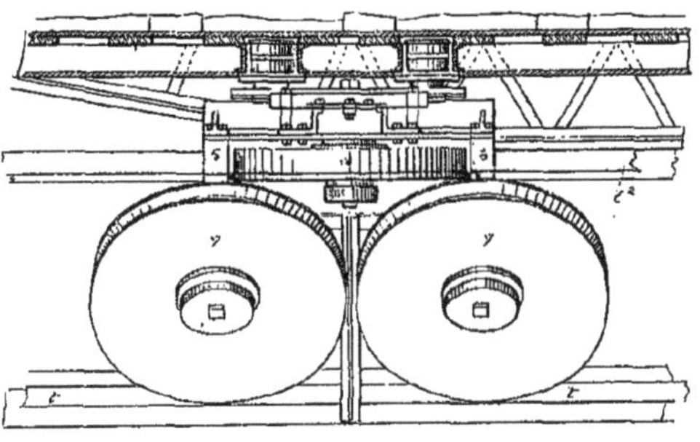

Fig. 10.

La machine est portée sur des trucks semblables à ceux que nous venons de décrire et elle actionne les roues horizontales qui deviennent ainsi des roues motrices.

L'adhérence de ces roues est obtenue facilement au moyen d'un appareil hydraulique disposé sur la machine, à la portée du mécanicien ; suivant l'inclinaison des rampes à monter, il peut augmenter la pression des roues contre les rails.

D'autre part, comme les roues horizontales de la machine et de tous les wagons sont montées de la même façon sur des blocs coulissants, l'arrêt très rapide du train peut s'obtenir en calant toutes ces roues contre les rails au moyen du même appareil hydraulique.

Pour terminer cette description, nous devons dire que les diverses expériences que M. Meigs a faites de son nouveau système de chemin de fer, en Amérique, ont pleinement réussi.

Ce nouveau chemin de fer aérien et monorail, qui permet de franchir des courbes de 15 mètres de rayon et des rampes d'une forte inclinaison mérite donc, croyons-nous, de fixer l'attention au moment où l'on se préoccupe d'établir à Paris un Métropolitain et où la population semble accepter avec déplaisir tout projet de chemin de fer souterrain.

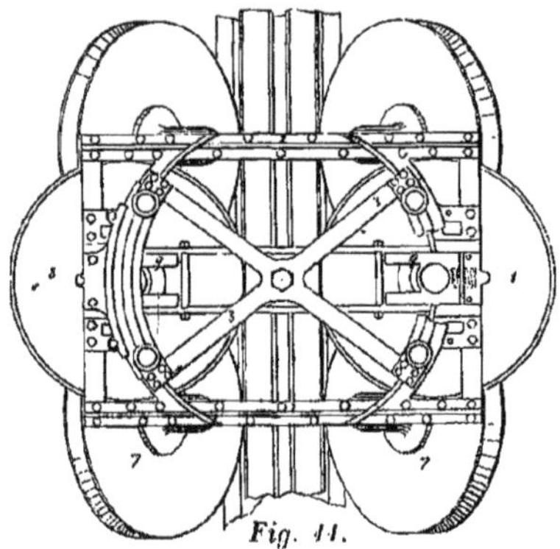

Fig. 11.

Nous décrirons maintenant l'installation qu'a faite M. Meigs de son système dans ses ateliers d'Amérique, et nous donnerons en même temps le résultat de quelques expériences auxquelles il s'est livré pour se rendre compte de la solidité que présentait le nouveau type de voie qu'il avait imaginé.

En construisant, en effet, une voie d'essai de près d'un kilomètre de développement, M. Meigs a voulu montrer que son invention n'était pas seulement une idée théorique, mais qu'elle était au contraire essentiellement praticable, et qu'un tel système de railway, appliqué comme chemin de fer métropolitain dans les villes, devait rendre de réels services, grâce aux avantages indiscutables qu'il présentait et que des expériences répétées et faites en grand pouvaient permettre d'affirmer.

Fig. 12.

Le nouveau train dans la courbe de 15 mètres de rayon.

(D'après une photographie fournie par M. Meigs.)

Les différents dessins que nous donnons dans le cours de cette notice ont été exécutés d'après des photographies que nous a confiées M. Meigs. La figure 12 (p. 12) représente un train complet composé de la machine, du tender et d'un wagon. Ainsi qu'on peut s'en rendre compte, la voie est au niveau du sol; mais M. Meigs, pour cette voie d'essai, a dû adopter cette disposition au commencement de la ligne, de façon à pouvoir obtenir, en l'élevant dans son parcours sur des poteaux de hauteurs croissantes, les rampes nécessaires pour la démonstration de son système.

Fig. 13.

M. Meigs a donné à sa machine et à ses wagons une forme tout à fait particulière et qui semble bizarre à première vue: ce sont absolument des cylindres. D'après lui, cette forme présente divers avantages qui doivent la faire préférer à la forme des wagons actuellement en usage, et dont le principal est qu'un wagon ainsi établi offre moins de prise au vent. De plus, si l'on compare un wagon cylindrique à un wagon ordinaire, le premier présentera, toutes proportions gardées, un volume intérieur plus considérable que le second.

Comme on le voit sur la figure 13, la ligne, presque à son début, s'infléchit suivant une courbe très prononcée; cette courbe n'a pas plus de 15 mètres de rayon. Grâce à la disposition précédemment décrite les trucks qui supportent les wagons et la machine, on a constaté qu'un train peut facilement passer une telle courbe sans qu'on ait besoin de diminuer la vitesse d'une manière sensible.

La voie s'élève ensuite peu à peu, elle est alors montée sur des poteaux établis de la façon que nous avons indiquée, et, vers la fin de son parcours, elle offre une rampe de 0,06 centimètres par mètre; c'est cette partie de la ligne qui est représentée sur la figure 14, et c'est au moment de gravir de telles rampes que le mécanicien actionne l'appareil hydraulique installé sur la machine, lequel agit pour augmenter la pression des roues motrices horizontales contre le rail supérieur.

Fig. 14.

Dans l'établissement de sa voie d'essai, M. Meigs, en voulant diminuer les frais d'installation, a été conduit à faire une expérience qui offre un certain intérêt, bien que, dans la pratique, on ne doive pas chercher à réaliser les conditions dans lesquelles il s'est placé. Au lieu de construire les courbes suivant des arcs de cercle d'un rayon déterminé, il les a remplacées par des cordes inscrites dans ces mêmes arcs, de telle sorte que ces courbes sont constituées par une série de lignes droites faisant entre elles des angles plus ou moins obtus (fig. 15). Malgré cette disposition fort désavantageuse et qui ne pourrait être appliquée sur une ligne de chemin de fer ordinaire, le train de M. Meigs franchissait ces angles sans que l'on pût s'apercevoir du moindre choc.

Nous allons indiquer deux expériences auxquelles M. Meigs a soumis les poutres en fer qui constituent sa voie aérienne, dans le but de se rendre compte des efforts qu'elles pouvaient supporter verticalement et horizontalement. Dans le premier cas M. Meigs a voulu apprécier la façon dont ces poutres se comportaient lors du passage d'un train; et, dans le second cas, il a voulu mesurer la résistance que présenteraient ces mêmes poutres si elles étaient soumises aux efforts d'un vent violent soufflant en tempête.

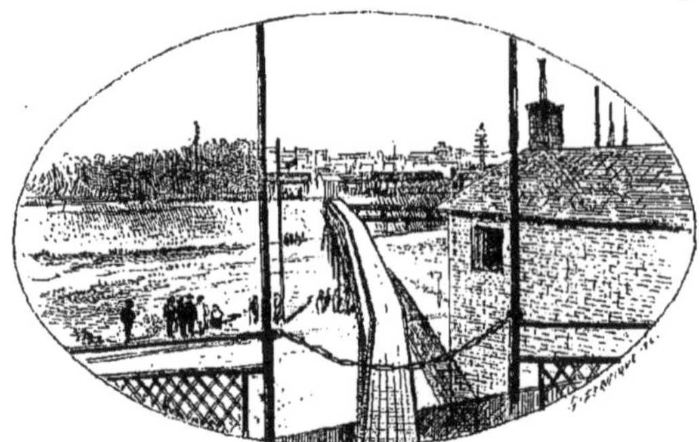

Fig. 15.

Pour effectuer la première expérience, il a chargé une de ces poutres, ayant entre ses supports une longueur de 14 mètres, avec deux cylindres remplis d'eau et suspendus par des chaînes au milieu de la poutre ; le

Fig. 16.

poids total était de 29 tonnes. Dans ces conditions la flexion fut de $0^{m}13$ et, la charge enlevée, la poutre revint sans déformation à sa fonction première. Cette expérience est représentée à la figure 16.

Dans la deuxième expérience (fig. 17) il disposa un support incliné à l'extrémité duquel passait un câble horizontal, venant s'attacher au milieu de la poutre, et au bout duquel il suspendit un plateau supportant des gueuses de fonte représentant un poids total de 5 tonnes. La flexion de la poutre fut de 0m11 et les poteaux supportant la voie s'infléchirent à leur extrémité supérieure de 0m15. La poutre et les poteaux revinrent encore à leur position normale lorsque la charge fut enlevée.

D'après ce que nous venons d'indiquer, on peut voir que l'invention de M. Meigs présente un grand intérêt puisqu'il a pu en faire une réalisation pratique; d'un

Fig. 17.

autre côté, les expériences répétées auxquelles il a soumis son système de chemin de fer ne laissent aucun doute sur son bon fonctionnement.

Nous dirons donc, en terminant, qu'un Métropolitain construit sur les données de ce système paraît de nature à présenter sur les divers autres systèmes à l'étude, de sérieux avantages parmi lesquels on peut citer, à côté de l'économie d'établissement, ce fait essentiel que la voie tiendrait, dans les rues des villes où elle serait établie, le moins de place possible.

Août 1887.

Nota. — *Un modèle du système de chemin de fer monorail de M. Meigs est exposé dans les Salles de Vulgarisation des Inventions brevetées de la Maison Ch. Thirion, 95, Boulevard Beaumarchais, à Paris, où il peut être examiné par les personnes qui s'intéressent à cette question.*

PARIS. — IMPRIMERIE CHAIX. — 4808-3-8.

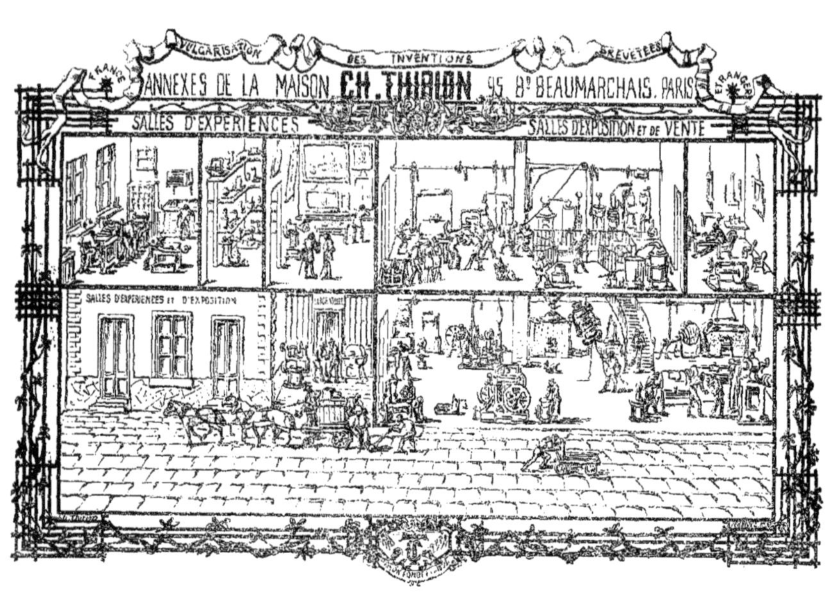
VULGARISATION
DES INVENTIONS
BREVETÉES
FRANCE
ETRANGER
ANNEXES DE LA MAISON CH. THIRION 95 Bd BEAUMARCHAIS. PARIS
SALLES D'EXPÉRIENCES
SALLES D'EXPOSITION ET DE VENTE
SALLES D'EXPÉRIENCES ET D'EXPOSITION

PUBLICATIONS DE M. CH. THIRION

Ingénieur civil, Conseil en matière de Propriété industrielle

Membre de la Société des Ingénieurs civils, de la Société d'Encouragement,
de la Société industrielle de Mulhouse, de la Société de Législation comparée,
de la Société des Inventeurs et Artistes industriels, etc., etc.,
Membre correspondant de la Société impériale polytechnique de Russie,
Membre du Comité consultatif du contentieux
à l'Exposition universelle de 1878 (section de la propriété industrielle),
Secrétaire général du Congrès international de la propriété industrielle en 1878
Membre de la Commission permanente de la propriété industrielle,
Chevalier de la Légion d'honneur, Officier d'Académie, etc., etc.

TABLEAU SYNOPTIQUE ET COMPARATIF
des législations française et étrangères en matière de Brevets d'invention
Médaille d'argent à l'Exposition universelle de 1878
PRIX DU TABLEAU RELIÉ EN ATLAS : 10 FR.

CARNET DE L'INVENTEUR ET DU BREVETÉ
Interprétation pratique des législations française et étrangères
sur les BREVETS D'INVENTION
Memento pour l'enregistrement des échéances d'annuités
PRIX DU CARNET, RELIURE ANGLAISE, FRANCO : 3 FR.

DESSINS ET MODÈLES DE FABRIQUE
en France et à l'Étranger
Législations comparées
PRIX : FRANCO, 3 FR.

MARQUES DE FABRIQUE
en France et à l'Étranger
Législations comparées
PRIX : FRANCO, 1 FR. 50

RAPPORT SUR LE CONGRÈS INTERNATIONAL DES BREVETS D'INVENTION
TENU A VIENNE EN 1873
par M. Thomas **WEBSTER**, délégué du Gouvernement anglais
Traduction. — PRIX : FRANCO, 5 FR.

LA PROPAGATION INDUSTRIELLE
Revue illustrée
Des inventions, machines, appareils et procédés de la France et de l'Étranger
Quatre volumes in-4°. — PRIX : 62 FR.

COMPTE RENDU ANALYTIQUE
du Congrès international de la Propriété industrielle
tenu à Paris en 1878
BREVETS D'INVENTION. *1er volume, grand in-8°.* — PRIX : 6 FR.

LA NOUVELLE LÉGISLATION ANGLAISE
sur les Brevets d'invention, les marques et les dessins de fabrique
Analyse et Commentaire. — PRIX : 5 FR.

SOUS PRESSE
Troisième édition revue et complètement remaniée des
TABLETTES DE L'INVENTEUR
ET DU BREVETÉ
Ouvrage honoré d'une souscription du ministère de l'agriculture et du commerce
Un fort volume grand in-8° avec tableaux

LES INVENTIONS BREVETÉES
Organe spécial de la Propriété industrielle française et étrangère
Abonnement d'un an : Paris et Départements, 17 francs. — Étranger, 20 francs.
En vente chez l'auteur et les principaux libraires.

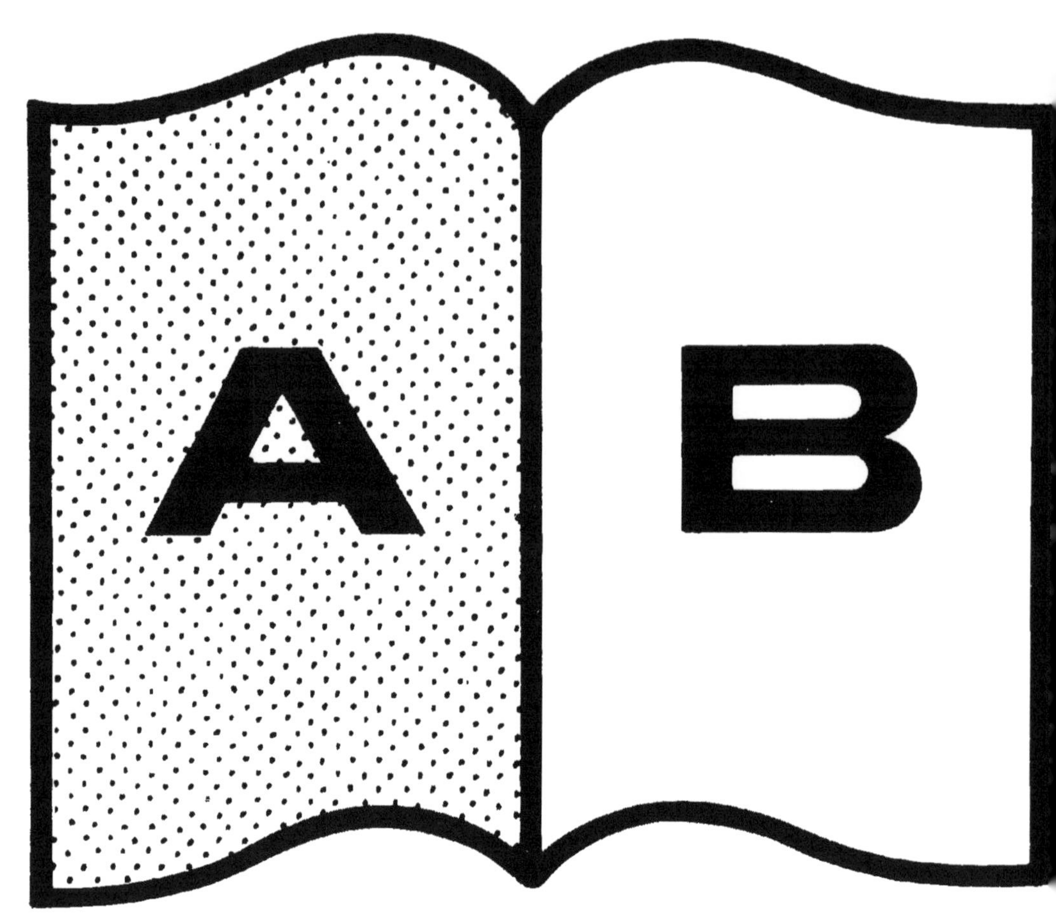

Contraste insuffisant

NF Z 43-120-14

www.ingramcontent.com/pod-product-compliance
Ingram Content Group UK Ltd.
Pitfield, Milton Keynes, MK11 3LW, UK
UKHW021152230726
13926UKWH00001B/73

9 782013 636445